푸드 데코레이션
Food Decoration

강무근 최송산 김병일 이윤호 공저

도서출판 효 일
www.hyoilbooks.com

본서를 내면서…

'Cooking is art(조리는 예술이다)'라는 말을 부담 없이 받아들이고 있다. 그 이유는 요리의 창조적인 예술성이 garnish 또는 decoration으로 발전되어 그 요리의 가치를 상승시킬 수 있는 가능성을 무한히 가지고 있기 때문이다.

최근에 와서는 음식 차림의 데코레이션, 분위기 연출, 실내 장식, food stylist 등을 전문적으로 담당하는 food coordinater라는 새로운 전문가가 등장하고 있다. 우리나라에서도 서서히 관심이 높아지고 있으며, 몇몇 대학에서 푸드코디 전공 또는 과를 신설하고 있다.

본서에서는 food stylist가 되기 위해 기본적으로 갖추어야 할 요리의 배치와 조화, 데코레이션 등에 필수적이라 할 수 있는 과일과 채소 등을 이용한 연출 기법을 다루고자 하며, 조리사들도 이를 익혀 응용할 수 있어야 한다.

현재 국내에는 이러한 부분을 전문적으로 다룬 책자가 많지 않은 실정이므로 본서에서 그 응용과 실제를 다루고자 한다. 본서에 삽입된 작품 사진들의 일부는 학생들이 실습 과정에서 만든 것이며 food decoration의 일부도 그러하다. 다른 사진들은 각종 음식축제나 전시회 등에 출품된 작품들을 촬영하여 편집한 것으로 그 작품의 예술성을 소개하고자 본서에 삽입하였다. 이는 예술적 감각을 배우는 학생들이 여러 가지 작품을 보고 느끼고 응용하도록 하는 데 크게 도움이 되기 때문이다.

이 책이 발간되기까지 많은 도움을 주신 도서출판 효일 사장님과 직원 여러분의 노고에 감사드린다.

저자: 강무근, 최송산, 김병일, 이윤호

Contents

제1장 작품의 구성

1절 푸드 코디네이트   8

2절 푸드 데코레이션   9

3절 작품 구성의 실제   11

제2장 데코레이션 연출의 실제

1절 연출작품   22

2절 작품 연출의 실제   36

3절 야채 · 과일의 연출과 응용   38

4절 입체 동물 및 장식품 조각   69

5절 연출작품 사진 모음   122

제3장 Food 연출작품 모음

애피타이저 1~5   134

생선 코스 1~2   136

메인 코스 1~7   137

카나페 1~3   141

스넥 1~4   142

Cold food 1~17   144

일식 1~4   152

이바지 음식 1~7   154

Food Decoration

Food
Decoration

제1장

작품의 구성

1절 푸드 코디네이트

2절 푸드 데코레이션

3절 작품 구성의 실제

1절. 푸드 코디네이트
Food coordinate

푸드 코디네이터라는 말이 처음 등장하게 된 것은 1970년대로 그 역사는 매우 짧다고 할 수 있다. 사전적 의미의 푸드 코디네이터란 레스토랑에서 식재료를 조달하는 사람이란 의미로 해석하고 있으나 현대의 푸드 코디네이터란 음식과 관련된 쾌적함의 창조를 바탕으로 한 제반 업무를 통칭하는 것이라 해석할 수 있으며 음식의 접대와 서비스까지도 여기에 해당된다고 볼 수 있다.

푸드 코디네이션의 분장업무

1. 메뉴 플래너

푸드 코디네이팅에서 가장 먼저 행하여지는 것은 식사의 종류를 결정하고 거기에 어울리는 메뉴를 구상하는 것이다. 그러기 위해서는 식사정보와 식당의 컨셉을 정하고 타깃이 되는 고객층과 시간대별, 형태별, 제공될 음식의 종류를 파악하여 메뉴를 구성해야 한다.

2. 푸드 스타일리스트 (Food stylist)

푸드 스타일리스트는 실제로 음식을 조리하여 요리화하는 과정에서 조리사가 갖추어야 할 가장 숙련도를 필요로 하는 업무 중의 하나라고 볼 수 있다. 새로운 음식을 만들거나 이미 만들어진 요리를 보다 보기 좋고 맛있어 보이도록 생동감 있게 꾸며주는 것를 말한다.

이것은 요리 자체뿐만 아니라 주변의 소품을 최대한 이용하여 식욕을 돋구고 요리의 부가가치를 상승시키고 고급스럽게 꾸미는 디스플레이 감각을 요구한다. 색채를 기본으로 하는 디자인 감각이나 사용하는 용기 공간예술의 민감성이 요구되며 창조적이고 상황에 맞는 합리성과 식재료의 특성에 대한 파악이 무엇보다도 중요하다.

3. 식공간 코디네이터

푸드 코디네이트에서 의미하는 식공간이란 공간(空間), 인간(人間), 시간(時間)의 3간을 기본 구성요소로 하고 안락함과 쾌적함을 기본 이념으로 하여 작업의 기능성, 고객 동선 등에 적합한 평면적인 계획을 세운다. 식당의 공간 활용, 테이블 배치, 실내 장식, 분위기, 조명, 식탁 위의 연출, 즉 클로스의 종류 및 컬러, 컵의 배치, 꽃꽂이 등의 세팅까지 작은 연출까지도 소홀함이 없어야 한다. 그렇기 때문에 식공간 코디네이터는 실내 장식에 관한 해박한 지식을 지녀야 하고 식생활 문화, 식사 예절 등에도 소홀함이 없어야 하며 컬러리스트로서의 색감 전개력도 갖추어야 한다.

4. 식교육 코디네이터 식교육 코디네이트는 식생활과 관련된 전반적인 지식의 습득을 전제 조건으로 하고 있다. 다시 말해서 식사 매너에서부터 문화, 식품의 영양, 건강, 식품의 안전성, 기능성, 식품의 특성, 이용 방법 등에 대한 지식을 갖추어 고객에게 정보 제공이나 어드바이스를 하는 것도 식교육 코디네이터의 중요한 업무 중 하나이다.

5. 푸드 라이터 요리와 관련된 기사를 집필하거나 요리의 양목표(레시피)를 소개하고 외국의 식문화, 식생활 등을 기사화하는 업무로서 출판사나 잡지사, 신문사 등에서 요리분야를 담당하는 편집자 또는 요리연구가, 음식에 대한 실무 경험자 등이 푸드 라이터로 성장할 수 있다. 요리에 대한 설득력 있는 문장 표현력도 필요로 한다.

2절. 푸드 데코레이션

개념

푸드 데코레이션이란 요리와 관련된 만들기, 그릇에 담기, 배치와 형태, 다른 소재를 사용한 장식(가니쉬) 등을 총칭하는 말로써 시각적으로 보기 좋게 꾸며 요리에 창조적인 예술적 가치를 부여하는 장식 기법이다. 기본적으로 decoration(장식)은 요리를 접하는 고객들에게 그 요리의 예술성과 가치를 보여줌으로써 고객의 호응과 만족을 유도할 수 있는 방법의 하나라 할 수 있다. 또한 주재료가 아닌 소품으로 야채나 과일을 사용하는 decoration(장식)은 각종 파티의 분위기를 살리며 요리를 고급스럽게 하여 그 가치를 상승시키는 데 목적이 있다.

따라서 과일과 채소의 조각 방법을 먼저 배워야 하며 그 다음에는 연출 기법을 알아야 하는 것이다. 채소나 과일 decoration은 본서에 소개한 것 외에 어떤 채소나 과일로도 연출이 가능하며 정도가 없다. 여기에서 정도가 없다는 말은 정해진 매뉴얼이 없다는 것이며 이는 그 방법과 연출이 무한하다고 말할 수도 있다. 하지만 연출기법을 배우고 익혀서 이를 응용할 줄 알아야 food stylist로 성장해 나갈 수 있을 것이다.

연출(deco)의 조건

1. 분위기 파악

'그 식당의 분위기', '그 파티의 분위기' 이런 말을 흔히 듣게 된다. 이것은 장식이나 연출 등 모든 부분에서 거기에 알맞은, 즉 분위기를 살릴 수 있는 연출(deco)이 되지 않으면 의미가 없다. 때문에 분위기를 파악하기 위해서는 먼저 연회의 성격을 파악해야 한다.

연회의 성격을 크게 분류해보면 가족모임(family party) 행사로는 약혼식, 결혼 피로연, 생일, 회갑연, 고희연, 돌잔치 등이 있고 기업 행사로는 이취임 파티, 개점 기념 파티, 창립 기념 파티 등이 있으며 정부 행사로는 국빈 행사, 정부 수립 행사, 심포지엄 등이 있다. 이외에도 여러 가지 성격을 지닌 연회 행사가 있을 수 있다. 이러한 연회의 성격은 분위기에 맞는 연출을 하는 데 무엇보다도 중요하다. 따라서 제일 먼저 파악해야 할 부분이며 다음으로 중요한 것이 연회 장소의 확인이라고 할 수 있다. 장소의 확인이란 기본적으로 그 장소가 가지고 있는 실내 분위기 파악이다. 실내 조명 정도, 실내 장식, 컬러 등이 파악되어야 거기에 적합한 분위기를 연출할 수 있기 때문이다.

2. 연회(party)의 형태 파악

두 번째로 파악해야 할 부분이 연회의 형태이다. 연회의 형태란 크게 요리별 분류와 시간별 분류로 볼 수 있다. 요리별 분류로는 양식 파티(western, french), 한식 파티(korean), 중식 파티(chinese), 일식 파티(japanese)와 여기에 정찬(table deco hote)인가, 뷔페(buffet)인가, 칵테일cocktail), 또는 다과회(tea party)인가에 따라 연회 형태를 파악해야 하며 시간별 분류도 해야 한다. 런치인가, 디너인가에 따라서 그 구성과 연출을 달리하여야 하기 때문이다.

3. 연회(party)의 규모와 수준

다음으로 연회의 규모와 수준도 알아야 한다. 규모라 하면 연회에 참석하는 고객의 수와 서비스 인원 또는 다른 공연 등이 있는지의 여부와 그 행사의 수준을 말한다. 수준이라 함은 그 파티의 가격과 고객 수준을 의미한다. 이러한 것들은 작품의 구성과 배열 등에 필요하고 규모와도 조화를 이루어야 하며 가격대도 고려되어야 한다.

4. Food table 레이아웃

food table 레이아웃은 테이블 배치의 형태를 말하며, 상기의 식공간 코디네이터의 역할로서 매우 중요한 부분이다. 이는 파티의 형태나 성격, 규모, 장소에 따라 다르지만 전체적인 요리의 배치와 배열 등과도 서로 조화를 이루어야 하기 때문에 작품을 만들기 전에 이를 확인하여야 좋은 작품을 구상할 수 있다.

3절. 작품 구성의 실제

연출작품(데코, 가니쉬, 조각) 등은 만들기 전에 상기와 같은 조건들을 파악한 후에 무엇을 어떻게 만들 것인가에 대한 구상이 필요하며, 어떻게 배치(디스플레이)할 것인가에 따라 연출재료를 별도로 준비할 필요가 있을 수도 있지만 어느 것이든 연출이 가능하므로 있는 재료를 활용하는 것이 바람직하다.

1. 정찬 메뉴(table deco hote)에서의 연출

정찬일 경우에도 메뉴에 따라 코스별로 decoration 기법을 활용할 수 있다.

위의 사진은 양식의 전채요리(appetizr) 데코의 한 예로 식재료 자체를 연출하거나 중심 부분 등에 간단한 연출도 가능하다. 이러한 작품의 연출은 요리를 만드는 조리사 또는 주방장의 구상과 기법에 따라 그 변화가 무한하다고 할 수 있다.

위의 사진은 호박을 용기로 사용할 수 있도록 조각하고 중화요리의 수프 코스인 게살 수프를 담아 제공하는 것으로 그 가치가 매우 높게 평가된다.

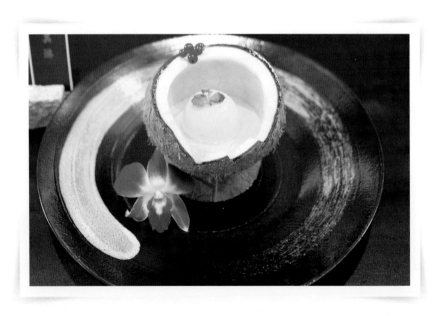

위의 사진은 후식으로 제공되는 코코넛무스로 코코넛 껍질을 용기로 하여 그 안에 무스를 담아 고객에게 제공함으로써 그 가치가 상승되는 효과를 가져오게 된다.

위의 사진은 양식의 정찬요리 중에서 생선 코스를 연출한 것으로 연출 기법의 다양성을 보여주고 있다.

위의 사진들은 양식의 정찬에서 메인 코스의 다양한 연출을 보여주고 있다. 이러한 연출과 기교는 하루아침에 이루어지는 것이 아니며 기초를 튼튼히 닦고 꾸준한 구상, 구성과 노력이 필요하다.

위의 사진은 일식에서의 연출과 기교를 보여주는 것으로 소재라든가 deco의 기법은 요리와 관련이 있게 또는 관련을 연상할 수 있도록 하는 것이 무엇보다도 중요하다.

위의 사진은 중화요리에서의 찬 요리 배열기법을 보여주고 있다. 같은 요리를 어떻게 배열하고 장식하느냐에 따라서 요리의 가치를 더욱 높일 수 있다는 것을 보여주고 있다.

2. 뷔페(buffet) 파티에서의 연출

연회 행사 중 뷔페 파티는 때때로 아주 다양한 형태와 규모로 음식과 공간이 달리 준비될 수 있기 때문에 용어적 정의가 어렵지만, 대부분의 뷔페 파티는 클로즈뷔페(close buffet)가 대표적인 연회 행사이다. 뷔페란 단지 간단한 한입 거리 음식을 뜻할 수도 있고 정성 들여 만든 여러 코스의 다양한 식사를 뜻하기도 한다. 찬 음식(cold food)과 더운 음식(hot food)을 같이 차릴 수 있으며 서비스도 대부분 셀프 형태이지만 경우에 따라서는 연회 직원이 직접 서비스하는 경우도 있다. 이러한 뷔페 파티는 테이블 뷔페(sitting buffet)와 스텐딩 뷔페(standing buffet)로 나눌 수 있다.

(1) 테이블 뷔페(sitting buffet) 에서의 연출

고객이 음식을 가져다 테이블에 앉아서 식사를 하는 형태이기 때문에 food table의 공간이 넓지 않다. 이러한 경우에는 음식에 대한 장식과 데코, 연출도 고려하여야 한다.

사진과 같이 테이블 뷔페에서의 데코 또는 가니쉬의 경우에는 음식를 차린 트레이의 코너 또는 중앙 부분을 연출하거나 간단한 꽃 등을 만들어 음식을 담은 트레이 안에 장식하는 것이 일반적이다.

(2) 스탠딩 뷔페(standing buffet)에서의 연출

이러한 형태의 파티는 식사가 될 수 있는 요리 중심으로 식단이 작성되며 여기에 양식, 중식, 일식, 한식 요리 등으로 각각 특색 있게 하거나 때로는 고객의 요구에 따라 다른 메뉴가 곁들여지기도 한다. 이 뷔페는 한 손에 접시를 들고 다른 한 손은 포크를 들고 서서 대화를 하며 즐기는 식사라 하여 스탠딩, 즉 서서 음식을 섭취하는 파티라 할 수 있다. 스탠딩 뷔페는 공간이 비좁아서 테이블과 의자를 배치할 수 없는 경우에도 가능하지만 그러한 경우보다는 고객들이 상호 대화를 필요로 할 때 많이 애용하는 파티 형태이다. 때문에 음식의 배치는 그 성격과 형태에 따라 다양하며 비교적 테이블 레이아웃이 넓고 공간 활용이 용이하다. 또한 그 규모에 따라 같은 음식을 몇 군데씩 나누어 배치하는 경우도 있다.

따라서 한 트레이에 많은 양의 음식을 담지 않는 것이 일반적이다. 또한 이러한 형태의 파티는 head table에 위의 사진과 같은 형태의 야채 꽃꽂이 연출 등으로 그 분위기를 살릴 수 있다.

3. 칵테일(cocktail) 파티에서의 연출

연회 행사에서 칵테일 파티는 여러 가지 주류와 음료 및 간단한 식료를 주제로 하여 행하여지는 파티 형태로 정찬을 하기 전에 말 그대로 간단하게 주류나 음료를 마시고 장소를 옮겨 정찬을 하는 경우와 칵테일 파티만으로 마무리하는 경우로 나눌 수 있다. 여기에서의 연출은 그 행사의 성격과 형태, 규모에 따라 기법을 달리해야 한다.

식전 행사로 간단하게 칵테일을 한두 잔 마시고 장소를 옮길 경우에는 간단한 카나페 한두 점으로도 가능한 경우도 있으며 식사를 하지 않고 칵테일 파티만으로 마무리하는 경우에는 아래 사진과 같이 보다 다양한 음식과 테이블 데코레이션이 필요하며 분위기에 알맞은 연출이 중요하다고 할 수 있다.

4. 리셉션(reception) 파티에서의 연출

일반적으로 리셉션 파티도 칵테일 파티와 마찬가지로 식사 전 리셉션(pre-meal reception)과 풀 리셉션(full recepion)으로 나누어지는데 식사 전 리셉션의 목적은 초대된 고객들이 행사가 진행되기 전에 서로 모여서 교제할 수 있도록 배려하는 데 있다.

이러한 경우에는 칵테일 파티와 마찬가지로 카나페와 같은 한입 거리의 크기와 위에 부담을 주지 않는 가벼운 음식을 내놓는 것이 통례이다. 풀 리셉션은 보통 저녁과 동시에 리셉션만 베풀어지는 연회 행사 중의 하나로 리셉션의 목적과 행사 규모 또는 성격에 따라 그 형태를 달리한다.

풀 리셉션은 경우에 따라서는 아주 고급스러운 행사로 이어지기도 하는데 테이블 배치, 분위기, 실내 장식뿐만 아니라 요리에서의 데코레이션 및 연출 등이 특별히 요구되는 경우도 있다. 위의 사진과 같은 형태의 연출과 데코가 가장 적당한 리셉션 파티의 실례이다.

5. 티 파티(tea party)에서의 연출

티 파티는 소그룹회의, 좌담회, 간담회, 발표회 등에서 많이 하는 연회 행사이고 또한 입학, 졸업 축하, 동창회 등의 간단한 파티에 적용되는 것이 일반적이다. 차림은 말 그대로 차와 음료, 과일, 쿠키, 페이스트리 등을 곁들인다.

Food
Decoration

제2장

데코레이션 연출의 실제

1절 연출작품

2절 작품 연출의 실제

3절 야채 · 과일의 연출과 응용

4절 입체 동물 및 장식품 조각

5절 연출작품 사진 모음

1절. 연출작품

작품 1 가지꽃

작품 2 가지와 고추의 변신

작품 3   고추의 변신

작품 4   꽃놀이

작품 5   꽃잔치

작품 6   당근국화

작품 7 당근국화와 장미

작품 8 당근별꽃

작품 9 당근장미

작품 10 래디시의 면모

작품 11 래디시의 협주

작품 12 무국화

작품 13 무꽃의 화사함

작품 14 무백장미

작품 15   무백국화

작품 16   무별꽃

작품 17 무와 당근의 협연

작품 18 무와 당근국화

작품 19 무와 당근별꽃

작품 20 무장미

작품 21 얼룩무의 조화

작품 22 파프리카꽃 I

작품 23 파프리카꽃 II

작품 24 꽃향기

작품 25 무삼색국화

작품 26 화려함

작품 27 오렌지바스켓

작품 28 래디시 협주

2절. 작품 연출의 실제

1. 야채 · 과일 조각에 필요한 기구들

   야채나 과일을 조각하거나 가니시를 만들기 위해서는 사진과 같은 조각도나 작은 카빙나이프 등
이 필요하다. 이러한 기구는 목공예 조각도로도 가능하다.

2. 작품 구성에 필요한 소재들

   푸드 트레이 등에 직접적으로 가니시나 데코를 할 때에는 오이나 파슬리 등을 곁들여 꾸미면 되
지만 별도의 꽃꽂이을 만들어 푸드 테이블에 장식을 하는 경우에는 위의 사진과 같은 소재가 필요
하다. 계절에 알맞은 나뭇가지나 열매, 풀잎 또는 난의 잎 부분 등을 사용하면 자연스럽다.

나무줄기나 열매, 잎 부분을 복합적으로 사용할 수도 있으며 오렌지 등을 사용한 꽃바구니 또는 단호박을 조각한 꽃바구니 등으로 사용하면 더욱 고급스럽고 화려하게 장식할 수가 있으며 그 가치는 더욱 상승된다.

3. 꽃대 만들기

꽃대 만들기는 대나무줄기 같은 파란 줄기 부분도 사용하지만 일반적으로 대꼬치에 실파를 꽂아 꽃대로 사용하면 가장 무방하다. 꽃꽂이 요령에 따라 길거나 짧게 대꼬치를 잘라 파를 꽂아 꽃꽂이하면 훌륭하다. 또한 꽃대뿐만 아니라 잎 끝을 살려 밑부분에 대꼬치를 꽂아 장식하면 꽃과 잘 어울린다. 앞 페이지의 사진과 같이 다른 소재를 사용하여 연출하면 우아하고 멋진 장식이 되며 고급 리셉션 파티 등의 푸드 테이블에 요리와 같이 데코하면 분위기를 더욱 고조시킬 수 있다.

3절. 야채 · 과일의 연출과 응용

개요

　야채나 과일 등을 사용하여 각종 가니시(garnish)나 데코레이션(decoration)으로 응용하여 요리 등에 장식하는 기법을 총칭하여 야채, 또는 과일의 연출이라 한다. 이는 연출 기법의 경우에 따라 간단하게 장식하는 기법에서부터 고난도의 조각이나 꽃장식 등에 이르기까지 아주 다양하며 어떠한 채소나 과일도 활용이 가능하다. 이러한 장식은 완성된 요리상이나 요리를 담은 트레이 또는 플레이트에 직접 데코레이션 하는 방법과 곁들여 장식하는 방법, 사이드에 장식하는 방법 등 여러 형태의 방법이 있으며, 이는 완성된 요리를 보기 좋고 먹음직스럽게 하고 예술적인 가치를 높여 부가가치를 배가하기 위한 수단의 하나이다.

　간단한 가니시의 방법은 나뭇잎이나 꽃 한두 송이의 연출로도 가능하며 다른 어떠한 방법도 해당 요리에 어울린다면 무방하다. 때문에 그 기교와 원리를 배우고 나면 활용도는 무한하다고 볼 수 있다. 일반적으로 꽃 조각이나 과일 조각 기법을 살펴보면 크게 두 가지 기법을 사용한다. 하나는 사진과 같이 안쪽에서부터 시작하여 외곽부로 조각하는 방법이다.

　이러한 조각 방법은 주로 수박이나 단호박같은 둥글고 큰 과실 등에 알맞으며 어떠한 조각을 할 것인가는 조각하기 전에 구상을 먼저 하여야 하는데, 이러한 감각을 가질 수 있으려면 숙련도를 높이고 다른 조각 사진 등을 많이 보고 참고 하는 것이 중요하다.

　또 한 가지의 조각 기법은 사진과 같이 바깥쪽에서부터 안쪽으로 점차적으로 조각하는 방법인데 이는 사진과 같이 주로 꽃 조각 등에 흔히 쓰이는 방법으로 각종 뿌리채소인 무, 당근 래디쉬 등의 꽃 조각에 많이 응용되는 조각 기법이다. 이밖에도 다양한 조각 기법들이 있다.

1. 양파의 연출과 응용

양파의 조각은 일반 데코레이션에 잘 쓰지는 않지만 처음 조각을 시작하는 학생들에게 조각 기법의 원리를 이해하는 데 크게 도움이 된다. 위의 사진에서처럼 다양한 꽃들을 연출할 수가 있다고 하지만 그 조각 기법의 원리는 같다. 즉 양파는 일정한 두께로 몇 겹 겹쳐져 있다. 꽃잎을 돌려가며 하나씩 만들고 겹쳐진 양파를 벗겨내듯 다른 뿌리채소나 과일 등의 조각에 똑같이 응용할 수 있다는 것이다. 안쪽에서부터나 바깥쪽에서부터의 조각이나 그 기본 원리는 같다.

2. 오이의 연출과 응용

가장 간단하면서도 다방면으로 사용되는 오이의 가니시는 그 형태도 다양하다. 약간의 기교로 훌륭한 장식 효과를 볼 수 있으며 사진에서와 같이 요리의 구성과 형태에 따라 연출과 응용이 용이하며 어떻게 장식할 것인가를 구상하여 서로 어우러지는 형태의 연출이 필요하다. 위의 사진 외에도 나뭇잎, 나비 등의 기교도 얼마든지 가능하다.

3. 토마토의 연출과 응용

토마토 또한 오이 다음으로 많이 쓰이는 소재 중의 하나로 사진들과 같이 다양한 연출이 가능하다. 몇 조각의 토마토로도 장식이 가능하며 작은 방울토마토 등은 그대로 사용하여도 무방하다. 위의 사진과 같이 토마토 껍질을 벗겨 장미처럼 말아 장식하면 훌륭한 데코레이션이 된다. 어느 정도 연출에 숙련이 되면 어렵지 않게 구상이 떠오른다. 즉, 어떻게 만들어 어디에 어떤 모양으로 장식할 것인가 등을 구상할 수 있게 된다. 사진 외에도 구상에 따라 다양한 형태의 연출 또한 가능하다.

4. 가지의 연출과 응용

가지의 연출은 가지의 생김새, 모양, 크기를 감안하여 사진에서처럼 다양한 형태로 조각을 할 수 있다. 대부분 가지는 가늘고 길쭉하기 때문에 작은 조각도를 사용하며, 꽃 모양을 구상하여 사진과 같이 잘라낸 다음 잎 부분을 다듬어주어야 한다. 가지는 짙은 자주색이므로 꽃으로 조각하여도 화려하지 않기 때문에 다른 소재의 꽃 조각과 같이 사용하는 것이 보기에 좋다. 크기가 작은 것은 작은 꽃잎으로 조각하며, 잘라낸 가지의 형태에 따라 양쪽 부분을 함께 사용할 수도 있다.

5. 고추와 피망의 연출과 응용

    고추, 피망 또는 파프리카 등은 사진과 같이 조금만 손질하여 여러 가지 형태의 꽃으로 변형시켜 바로 데코레이션으로 사용할 수 있다. 특히 파프리카는 색깔과 사이즈가 다양하므로 여러 가지 형태의 꽃을 조형하는 것이 가능하다. 위 사진의 꽃꽂이처럼 단일 품목의 장식 또는 몇 송이의 장식 등이 가능하며 푸드 트레이에 장식할 때에는 요리의 배치 형태에 맞는 데코레이션이 무엇보다도 중요하다.

6. 오렌지의 연출과 응용

오렌지는 속을 파내고 애피타이저나 소스 용기로도 사용할 수 있으며 위의 사진처럼 간단한 꽃꽂이용 화병으로도 알맞다. 또한 껍질이 부드럽고 신축성이 있어 껍질을 응용하여 여러 가지 형태의 장식품을 만들 수 있으며, 어느 정도 숙련이 되면 사진 외에도 본인의 구상에 따라 응용이 가능하다.

7. 사과의 연출과 응용

　　과일의 데코레이션은 일반적으로 사과, 감 또는 머스크멜론 등을 사용할 수 있으며 그중에서도 사과를 사용한 가니시가 보편적이다. 과일을 깎아내는 경우에도 위의 사진과 같은 방법으로 모양을 내어 접시 등에 담아낼 수 있으며 푸드 트레이에 데코레이션으로 사용할 수도 있다. 사과나 오렌지, 토마토 등의 데코레이션은 음식의 배치 정도에 따라 가운데 부분 또는 코너 부분에 파슬리나 오이잎 등 다른 채소와 같이 가니시하면 잘 어울리는 데코레이션이 된다.

8. 래디쉬의 연출과 응용

래디쉬는 여러 가지 꽃 모양을 만들기에 아주 적합하다. 위의 꽃꽂이에서 보듯이 래디쉬만을 소재로 사용한 연출에서 다양한 형태의 꽃들이 조각되어 화려하게 장식되어 있다. 래디쉬는 그 생김새에 따라 변형이 가능한데 약간 긴 것은 파인애플과 같은 모양으로, 아주 둥근 것은 장미 모양이나 카네이션 모양으로 조각할 수 있고 연꽃이나 다알리아 같은 조각도 가능하다.

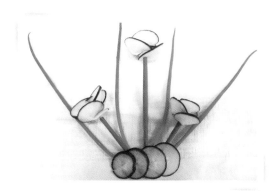

  또한 약간 큰 것은 위의 사진과 같이 슬라이스하여 반을 자르고 이쑤시개에 네 잎 정도 돌려서 꽂으면 아주 앙증스러운 꽃이 된다. 이밖에도 조각 기법에 익숙해 지면 구상에 따라 더욱 다양하게 연출할 수가 있다.

9. 당근의 연출과 응용

야채나 과일 중에서 가니시나 데코레이션용으로 가장 다양하게 사용하는 것이 바로 당근이다. 당근은 크기나 색깔, 단단한 정도로 볼 때 다른 야채들에 비해 조각하기에 알맞다. 위의 사진은 조각도를 사용하여 당근의 안쪽에서부터 조각한 여러 가지 형태를 보여주고 있다. 조각도는 V자형과 U자형을 흔히 사용하는데 사진에서 어느 것을 사용했는지 금방 알 수 있다. 이러한 조각은 형태에 따라 꽃꽂이나 다른 형태로 데코레이션 할 수 있다.

　위의 사진은 작은 조각칼을 사용하여 바깥쪽에서부터 점차 안쪽으로 조각한 여러 가지 유형의 꽃 조각들이다. 이러한 꽃 조각은 꽃꽂이용으로 아주 좋은데 다른 조각에 비하여 보관 시간도 길고 금방 시들지도 않기 때문이다. 푸드 트레이의 음식 배열에 따라 몇 송이의 꽃이나 한두 송이로 장식이 가능하며 다른 채소(오이 또는 파슬리 등)와 같이 꾸밀 수도 있다. 이 또한 조각 기법을 배우고 숙련하면 어렵지 않게 다양한 연출이 가능하다.

위의 사진은 간단한 방법으로 나비나 꽃을 만들어 사용하는 방법인데 당근 밑부분의 가는 부분을 비스듬히 돌려깎기 하는 형태로 간단한 데코레이션에는 제격이다. 당근 겉부분에 주름처럼 골을 파주고 돌려깎기 하면 더욱 보기 좋은 꽃이 된다.

위의 사진은 당근국화를 만든 것이다. 당근을 종이장처럼 얇게 돌려깎기 하여 부러지지 않도록 소금물에 담갔다가 부드러워지면 가운데 부분에 일정한 간격으로 칼집을 넣고 돌돌 말아 뒷부분에 대꼬치를 꽂고 실로 잡아매 준 형태인데 무나 당근으로 만들어 꽃꽂이하면 보기에 아주 좋다. 흐르는 물에 담가두면 소금기가 빠지면서 탄력 있게 된다.

10. 무의 연출과 응용

　　무도 당근과 마찬가지로 가장 많이 사용하는 조각의 소재 중 하나로 위의 사진과 같이 안쪽부터 조각하는 경우에는 V자형 조각도나 U자형 조각도를 사용하여 꽃 등을 만들어 꽃꽂이하거나 푸드 트레이 배치 형태에 따라 장식한다.

　　바깥쪽에서부터 조각할 경우에는 작은 조각칼을 사용하여 다양한 형태의 꽃들을 만들 수 있으며 요령은 당근에서와 같다. 무는 여러 가지 색소를 사용하여 꽃 색깔을 바꾸어 주면 더욱 화려하다. 색소는 식용 색소를 사용하여야 위생적인 문제가 없다.

11. 무의 연출 - 국화

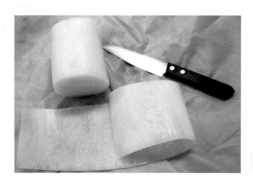

　　무국화의 연출은 당근과 마찬가지로 사진에서와 같이 종이장처럼 얇게 돌려깎기
하여 소금물에 담갔다가 부드러워지면 반으로 접어 칼집을 넣고 돌돌 말아 뒷부분을
대꼬치로 꽂고 실로 묶어주면 된다. 흐르는 물에 담가 소금기를 뺀 다음 식용 색소를
사용하여 색색의 꽃을 만들어 앞 페이지의 꽃꽂이 사진처럼 연출하면 훌륭하다.

12. 무의 연출 - 대려화

> 7~8cm 길이의 무를 6각이 되게 한 다음 6개의 꽃잎을 만든다. 위의 사진과 같이 잎 사이에 꽃잎본을 뜨고 두 번째 꽃잎을 만든다. 가운데 부분을 약간 잘라내고 세 번째 꽃잎을 만든다. 마지막 부분 처리는 가운데 부분을 낮게 잘라내고 봉오리 부분을 작게 만든다(가운데 부분을 잘라내지 않고 그대로 조각하면 긴 형태의 꽃이 되므로 주의하여야 한다).

13. 무와 당근 연출 – 어망

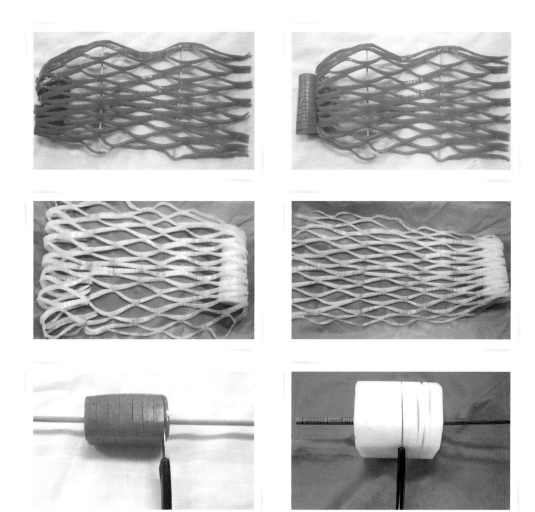

　　도미나 광어를 통째로 뜬 생선회를 배 모양의 용기에 담고 무와 당근으로 만든 어망을 씌워내면 아주 잘 어울리며 고급스러운 면모를 볼 수가 있다. 만드는 방법은 말로 표현하기가 까다롭다. 위의 사진과 같이 대젓가락 등을 사각으로 다듬은 무나 당근의 중앙 부위에 꽂고 대각선이 되게 돌려가며 칼집을 넣고 사각 부분을 둥글게 다듬은 다음 돌려깎기를 하면 되는데 한 번 정도 시범을 보면 금방 할 수 있게 된다.

14. 수박 조각과 연출

수박 조각 1

1. 첫 번째 사진처럼 수박의 겉부분을 속의 수박살이 비칠 정도로 깎아낸다.

2. 어떤 조각을 할 것인가를 구상한 다음 둥근 몰드로 조각할 중심 부분에 두 번째 사진과 같이 찍어놓고 밑부분을 얇게 도려낸다.

3. 원형 중앙 부분을 중심에 놓고 꽃잎을 작은 조각도로 그려놓는다.

4. 네 번째 사진처럼 꽃잎의 옆과 밑부분을 꽃잎이 살짝 드러날 정도로 도려낸다. 꽃잎의 형태는 처음에 조각을 구상할 때 어떤 형태로 할 것인가를 정하여 그 모양을 그려 넣으면 된다.

수박 조각 2

5. 꽃잎이 형성될 바닥면을 잘 다듬고 사진처럼 연속해서 꽃잎을 만들어 준다.

6. 지금까지는 그 형태를 만든 것이고 이것을 정교하게 조각하여야 비로소 예쁜 형태의 꽃잎이 된다.

수박 조각 3

7. 작고 정교한 조각도를 사용하여 위의 사진처럼 여러 형태의 꽃잎을 형성시키고 입체적인 선과 라인을 정교하게 할수록 그 예술적 의미가 커진다.

8. 위의 사진에서 보는 것처럼 다양한 형태와 모양의 조각이 만들어지며 그 이치를 터득하고 좀더 노력하면 보다 좋은 작품을 만들 수 있다.

수박 조각 4

9. 위 사진에서 다시 한번 조각에서의 입체적인 단면을 보여주고 있다. 윗줄의 미완성 조각을 아랫줄과 같이 정교하게 다듬어 선과 라인을 만들어줌으로써 보다 입체적이고 예술적인 가치를 가지게 된다.

• **참고:** 수박을 조각하기 전에 실온 상태로 두었다가 조각해야 한다. 냉장고에 보관된 수박에 조각도를 대면 전체가 갈라져 조각을 할 수 없게 된다.

수박 조각 작품

15. 호박 및 단호박 조각과 연출

1. 단호박과 호박의 조각 기법은 수박과 동일하지만 단호박의 경우는 살이 단단하여 조각할 때 주의하여야 한다. 조각도가 미끄러지면서 손을 다칠 염려가 있다. 하지만 정교한 조각은 수박보다 더 예리하고 정밀하게 할 수가 있다.

2. 위의 사진은 늙은 호박을 화병처럼 정교하게 조각한 것이며, 아래 사진은 단호박의 껍질 부분을 살린 조각 형태이다.

호박 조각 1

3. 위 사진의 조각은 애호박과 늙은호박의 조각들이며 조각을 배우는 학생들의 작품으로
그 구상과 입체적 단면을 보여주는 좋은 예다. 이는 그 기법을 터득하면 무한한 응용과 몰
입이 가능하다는 것을 보여주는 것이다.

단호박 조각 1

위 사진의 단호박 조각은 기초 구성부터 점차적으로 모양을 다듬어가는 과정으로 처음에는 기본 꽃잎을 만들고 어떤 형태로 마무리할 것인가를 구상하고 꽃잎의 모양을 만들어가는 과정이다.

위의 왼쪽 사진은 맨 나중의 꽃잎 형태를 봉오리처럼 마무리하고 앞의 꽃잎에 모양을 넣어 다듬어가는 것이며 이러한 과정으로 오른쪽 사진처럼 정교한 다듬기를 거쳐 조각을 완성시키는 것이다. 이러한 조각은 단호박 위에 다른 꽃꽂이를 하는 화병 역할을 하거나 경우에 따라 푸드 트레이에 그대로 장식할 수도 있다.

단호박 조각 2

위의 사진들은 단호박의 껍질 부분을 그대로 살려 조각한 여러 가지 형태이며 어느 정도
조각 기법에 숙달되면 구상 여부에 따라 더욱 다양한 조각을 연출할 수가 있다. 이러한 조
각들도 꽃꽂이용 기구나 자체 데코 장식으로 사용하면 된다.

단호박 조각 3

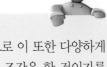

앞 페이지와 달리 위의 조각 사진들은 단호박의 속살 부분을 조각한 것으로 이 또한 다양하게 연출할 수가 있다. 앞서 설명했듯이 이러한 조각은 처음에 어떠한 형태의 조각을 할 것인가를 결정하고 기초 조각을 한 뒤 나중에 마무리를 정교하게 해주는 것이 포인트라고 할 수 있다.

4절. 입체 동물 및 장식품 조각

01. 곤충
02. 꽃게
03. 잠자리
04. 나비
05. 열대어
06. 잉어
07. 궁탑
08. 독수리
09. 백마
10. 웅계
11. 오리
12. 작은 새
13. 참새
14. 새 날개
15. 원앙새
16. 강태공
17. 사슴
18. 앵무새
19. 거위
20. 용두
21. 용신
22. 용두하신
23. 공작
24. 백학
25. 봉황
26. 신선

곤충

▶ **재 료**   오이, 당근, 기타

▶ **응용 방법**   작은 모양으로 두 개 정도 만들어 꽃 장식에 같이 올려 어울리게 장식한다.

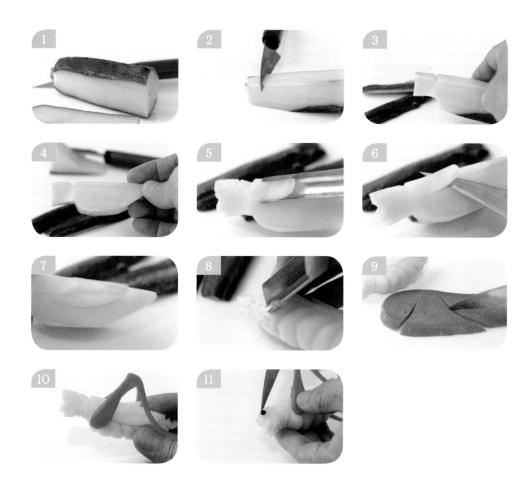

1. 그림과 같이 오이의 양쪽을 자른다.
2~3. 머리 부분을 만든다.
4. 그림 모양으로 만든다.
5~6. U형 칼로 날개 모양을 만들고 자른다.
7. 꼬리 부분을 만든다.
8. V형 칼로 밑부분에 주름을 깎는다.
9. 당근으로 다리 모양을 만들어 반을 잘라 2개를 만든다.
10. 다리를 양쪽에 끼운다.
11. 화초씨로 눈을 끼워 완성한다.

꽃게

▶ **재 료**   오이, 호박, 기타

▶ **응용 방법**   계란 흰자를 치대어 거품을 만들어 접시에 깔고 위에 꽃게 조각을 2개 정도 만들어 올려 장식하여 꽃게 요리를 표현한다(예: 부용게살, 꽃게튀김).

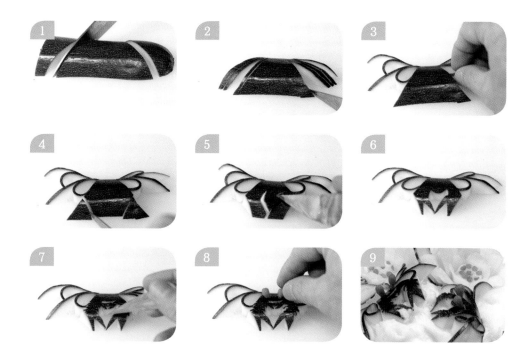

1. 호박을 반으로 자른 다음 그림과 같이 자른다.
2. 양쪽에 벌어지는 모양으로 4겹을 자른다.
3. 그림처럼 두 번째에서 안쪽으로 감는다.
4. 게 앞다리 모양으로 자른다.
5. 안쪽에서 머리와 집게를 판다.
6. 그림 모양으로 완성한다.
7. 다리 부분에 칼로 흠집을 만든다.
8. 당근으로 눈을 만들어 꽂아준다.
9. 접시에 장식한다.

잠자리

▶ 재 료　당근, 파, 기타

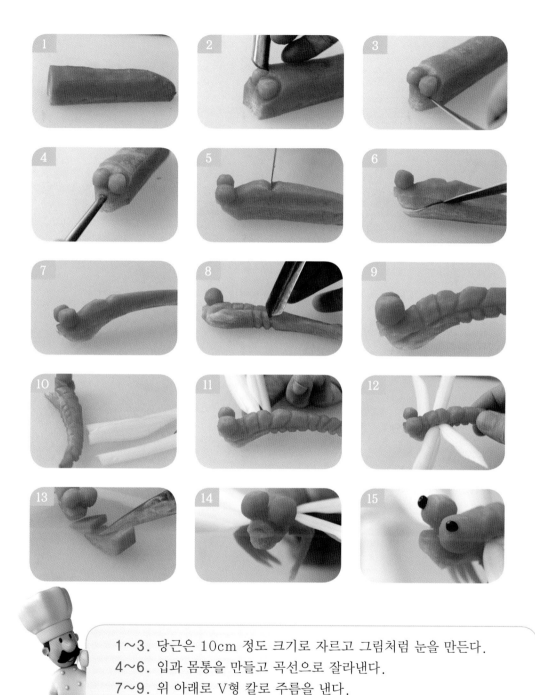

1~3. 당근은 10cm 정도 크기로 자르고 그림처럼 눈을 만든다.
4~6. 입과 몸통을 만들고 곡선으로 잘라낸다.
7~9. 위 아래로 V형 칼로 주름을 낸다.
10~12. 파를 7cm 정도로 길게 잘라 날개를 만들어 붙인다.
13~15. 당근으로 다리와 눈을 만들어 붙이고 완성한다.

나 비

▶ 재 료 무, 당근, 기타

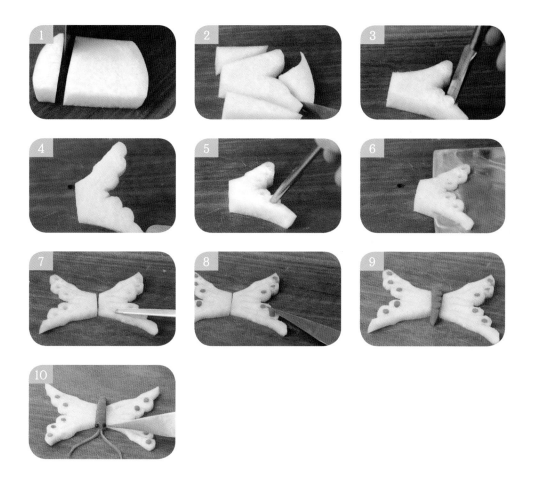

1~3. 8~9cm정도 길게 잘라 날개 모양을 만들어 U형 칼로 다듬어
    준다.
4~6. 날개 안쪽을 약간 잘라내고 작은 U형 칼로 구멍을 만들고 반
    을 썰어 2개의 날개를 만든다.
7~8. V형 칼로 주름을 잡고, U형 칼로 당근을 파서 꽂아준다.
9~10. 당근으로 몸통을 만들어 끼우고 눈을 붙인다.

열대어

▶ 재 료   당근, 무, 기타

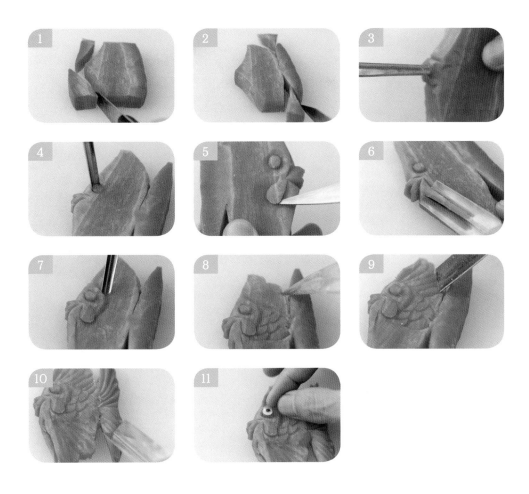

1. 당근은 두께 1cm, 길이 8cm 정도로 그림과 같이 자른다.
2. 열대어 모양으로 자른다.
3. 입모양을 U형 칼로 판다.
4~6. 열대어의 눈과 수염을 만든다.
7~9. V형 칼로 지느러미와 비늘을 만든다.
10~11. 꼬리 부분에 실선 주름을 파고 눈을 끼워 완성한다.

잉 어

▶ 재 료   당근, 무, 기타

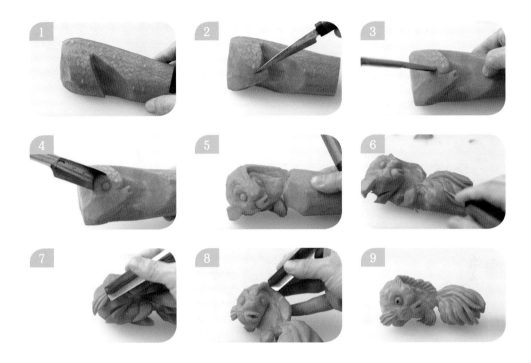

1. 물고기가 휘어가는 모양을 만든다.
2~3. 입 주위와 눈 부분을 만든다.
4~5. 그림 모양으로 몸통과 지느러미를 깎는다.
6~8. 꼬리 부분과 지느러미에 V형 칼로 곡선을 깎는다.
9. 몸통에 U형 칼로 비늘을 파고 완성한다.

궁 탑

▶ 재 료   당근, 무, 기타

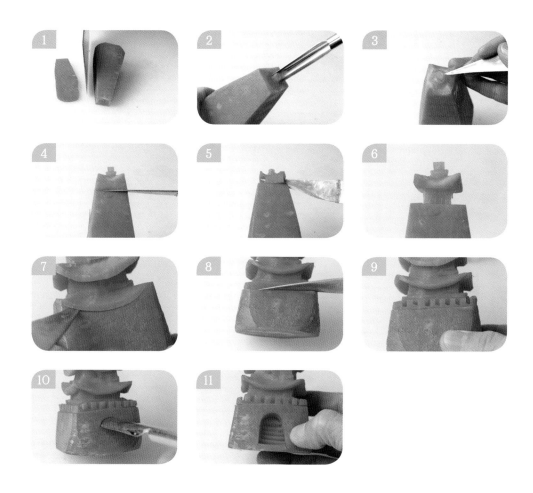

1~3. 그림처럼 위는 약간 좁게 4각으로 자른 뒤 V형 칼로 원형을 만들어 튀어나오게 잘라 지붕을 만든다.

4~6. 0.5cm 정도 칼집을 내어 중앙만 남기고 잘라낸다.

7~9. 밑에 2~3층은 그림 모양으로 파서 깎고, 테두리를 만든다.

10~11. 탑 입구를 U형 칼로 눌러 파내고 계단을 만들어 완성한다.

독수리

▶ 재 료   당근, 무, 기타

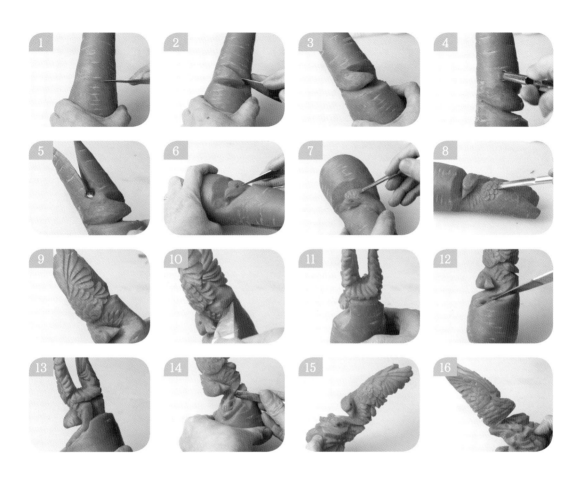

1~3. 당근 중간 부분에서 머리 옆모습의 모양을 깎는다.
4~6. 날개 중앙에 U형 칼로 중심을 잡고 날개 사이를 잘라내 입과
　　　눈을 만든다.
7~9. 머리털과 날개 깃털을 만든다.
10~16. 뒤쪽 꼬리 부분과 다리 부분을 깎아 파낸 다음 끝으로 V형
　　　칼로 밑 부분을 조각하여 완성한다.

馬 到 成 功

백 마

▶ 재 료   무, 기타

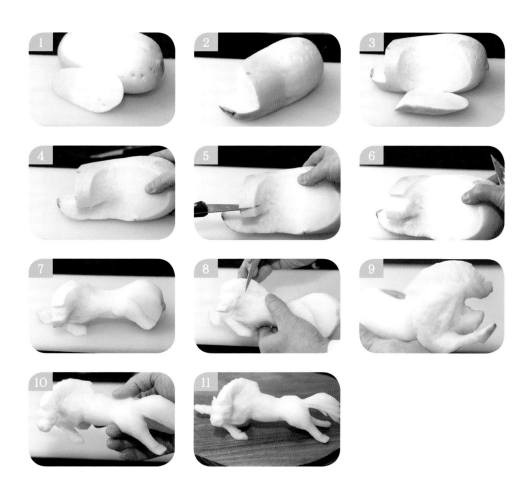

1. 무를 옆으로 1/4 정도 잘라낸다.
2. 그림과 같이 밑부분은 남기고 자른다.
3~4. 중간 부분을 약간 휘게 잘라내고, 그림 4 모양과 같이 밑부분을 자른다.
5~6. 머리 형태를 깎는다.
7~9. 머리 부분의 윤곽(눈, 코, 입, 귀)을 조각하고 다리 형태를 깎는다.
10~11. 꼬리 부분을 다듬어 깎고, 전체적인 곡선을 가다듬어 완성한다.

숭 계

▶ 재 료   무, 기타

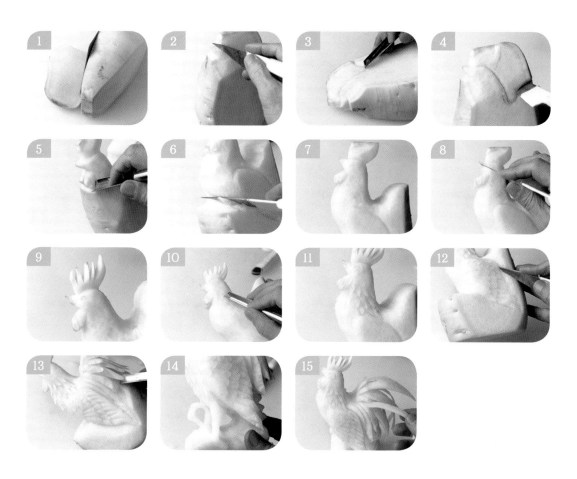

1. 무 윗부분을 그림과 같이 약간 좁게 자른다.
2. 좁은 쪽을 머리 부분의 형태로 만든다.
3. 닭 머리의 부리 부분과 목 뒤쪽에 본을 뜬다.
4~5. 그림 모양과 같이 깎아내고 부리를 만든다.
6~7. 가슴 부위와 날개 부위를 만든다.
8~9. 머리 부분을 완성시킨다.
10~12. U형 칼로 깃털과 날개를 순서대로 깎는다.
13~15. 꼬리 부분과 발을 만들어 완성한다.

오 리

▶ 재 료   무, 기타

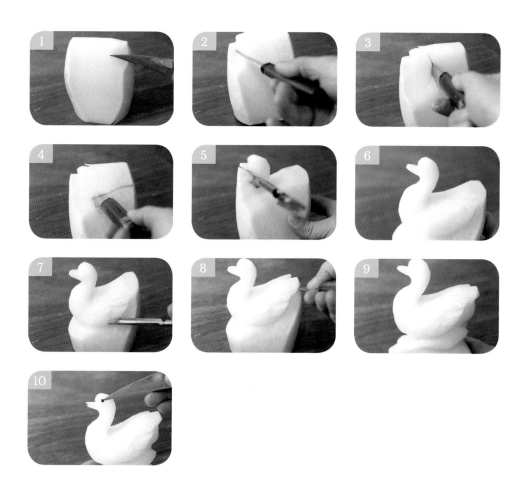

1. 7~8cm 정도의 무를 그림과 같이 위에서부터 2cm 두께로 밑으로 넓게 자른다.
2. 오리 입 모양을 깎는다.
3. 머리 부분을 곡선으로 자른다.
4~5. 그림과 같이 곡선으로 가슴 부위를 깎는다.
6. 오리 형태를 다듬는다.
7~8. U형 칼로 날개 부분을 깎고 꼬리 부위를 만든다.
9~10. 다리 부분을 만들고 눈을 끼운다.

작은 새

▶ 재 료   당근, 기타

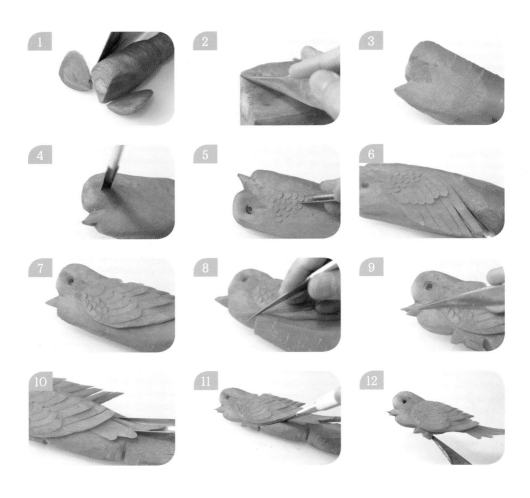

1. 당근 밑부분을 삼각 모양으로 자른다.
2~3. 부리와 머리 부분을 깎는다.
4~6. U형 칼로 눈과 날개 부분을 판다.
7~9. 밑부분의 다리와 부리를 만든다.
10~12. U형 칼로 뒷날개 부분을 파고, 전체를 다듬어 완성시킨다.

참 새

▶ 재 료　당근, 기타

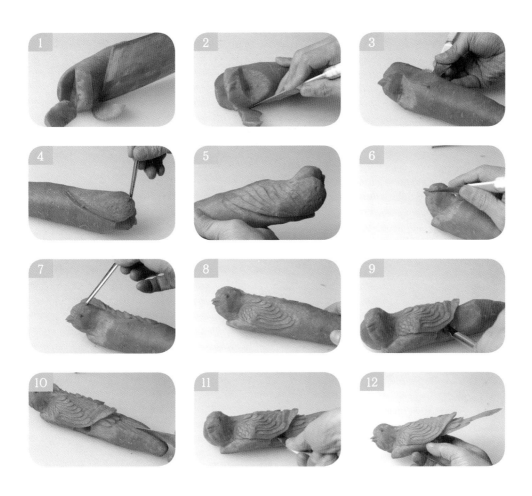

1~3. 먼저 머리 형태를 만든 다음 입과 목 주변을 다듬는다.
4~7. 좌측 날개와 눈을 만든다.
8. 우측 날개를 만든다.
9~10. U형 칼로 뒷다리 부분에 중심을 잡고, 꼬리 부분을 만든다.
11~12. 다리 부분을 만들어 완성시킨다.

새 날개

▶ **재 료**   당근, 무, 큰 호박

▶ **응용 방법** 그림의 과정은 새의 몸체를 미리 만들고 두 개의 날개를 만들어 끼우는 경
우에 많이 사용한다.

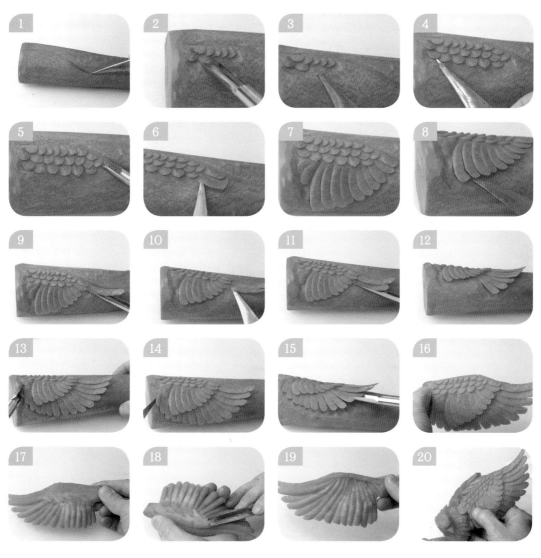

1~4. 당근에 미리 날개 크기의 도안을 그린 다음 비늘 모양으로 파고 깎아낸다.

5~8. 작은 깃털을 그림 모양처럼 파서 도려낸다.

9~14. 큰 깃털도 순서대로 판다.

15~16. U형 칼로 깊이 눌러 분리시킨다.

17~19. 날개 뒷면은 V형 칼로 다듬는다.

20. 새의 날개 밑부분에 홈을 파고 끼워준다.

원앙새

▶ **재 료**   고구마, 무, 기타

▶ **응용 방법**   무나 고구마를 이용하여 한 쌍을 만들어 일품요리에 장식한다.

1. 그림 모양의 고구마를 선택한다.
2. 먼저 입 부위를 깎는다.
3. 머리 형태를 깎는다.
4~6. U형 칼로 순서대로 목 부위와 양쪽 날개를 만든다.
7~8. 꼬리 부위를 만든다.

강태공

▶ 재 료　당근, 고구마, 기타

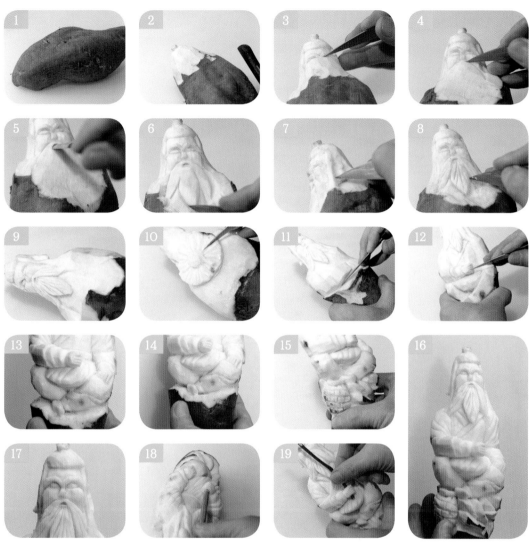

1~4. 머리의 상투와 얼굴의 수염을 만든다.

5~9. 입 주위와 수염에 실선을 만들고, 양쪽 귀를 만든다.

10~14. 뒷면의 갓을 만들고, 손가락 부분을 깎는다.

15~19. 고기망과 손에 낚싯대 꽂을 자리를 U형 칼로 파고 나뭇가지로
　　　 낚싯대를 만들어 끼워준다. 전체 형태를 다듬어주고 완성한다.

사 슴

▶ 재 료 고구마, 기타

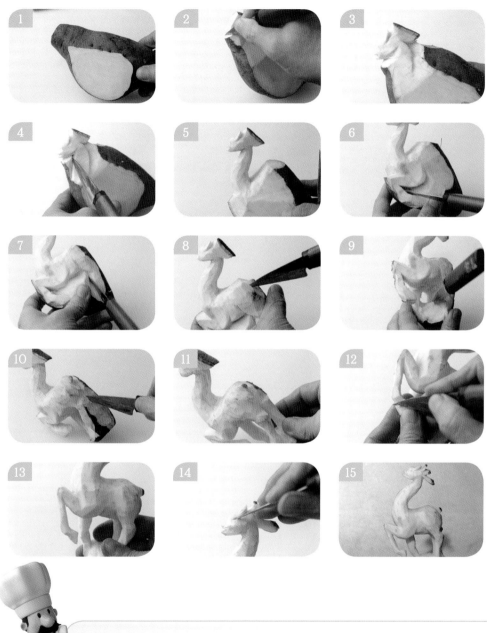

1~3. 그림 모양으로 양쪽 옆을 잘라내고, 머리 부분을 깎는다.
4~6. 목 부분과 앞다리 부분을 깎는다.
7~11. 뒷다리와 꼬리 부분을 깎아서 완성한다.
12~15. 다리 쪽의 곡선 부위와 머리, 눈, 귀, 뿔을 깎아주고 완성한다.

앵무새

▶ 재 료   당근, 고구마, 기타

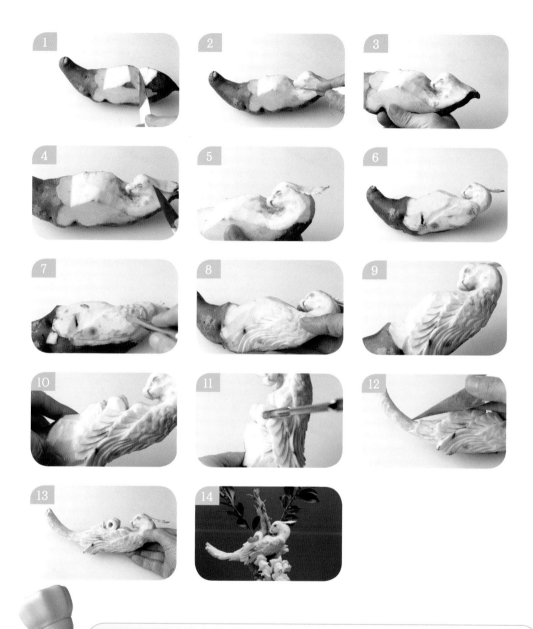

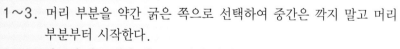

1~3. 머리 부분을 약간 굵은 쪽으로 선택하여 중간은 깎지 말고 머리
    부분부터 시작한다.
4~6. 앵무새 입 모양을 만들고 머리 깃털을 만든다.
7~10. 양쪽 날개 부분을 곡선 있게 만든다.
11~13. 나무에 매달린 모습의 발톱 부위와 꼬리 부분을 만들어 완성한다.

거 위

▶ **재 료** 무, 당근, 기타

▶ **응용 방법** 이 작품은 날아가는 모양을 표현하기 위해 별도의 날개를 만들어 끼워준다.
머리 부분의 작품 모양은 완성된 당근 또는 무로 만들어 붙여주기도 한다.

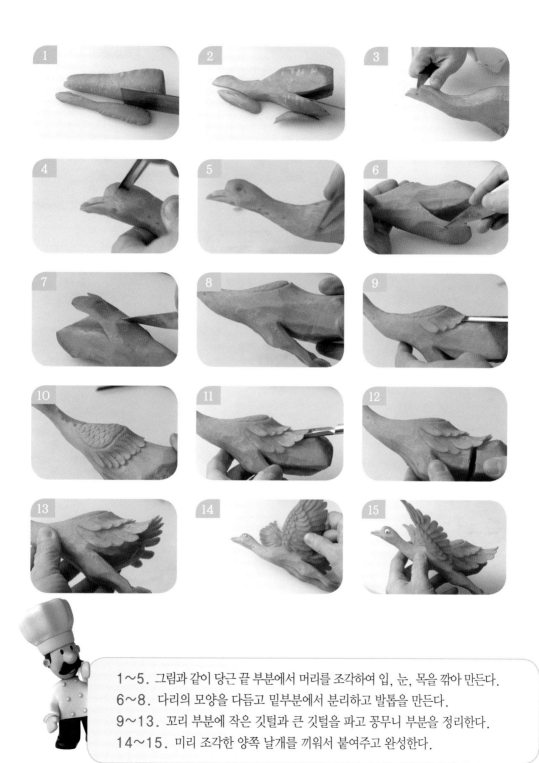

1~5. 그림과 같이 당근 끝 부분에서 머리를 조각하여 입, 눈, 목을 깎아 만든다.
6~8. 다리의 모양을 다듬고 밑부분에서 분리하고 발톱을 만든다.
9~13. 꼬리 부분에 작은 깃털과 큰 깃털을 파고 꽁무니 부분을 정리한다.
14~15. 미리 조각한 양쪽 날개를 끼워서 붙여주고 완성한다.

용 두

▶ 재 료   무, 당근, 기타

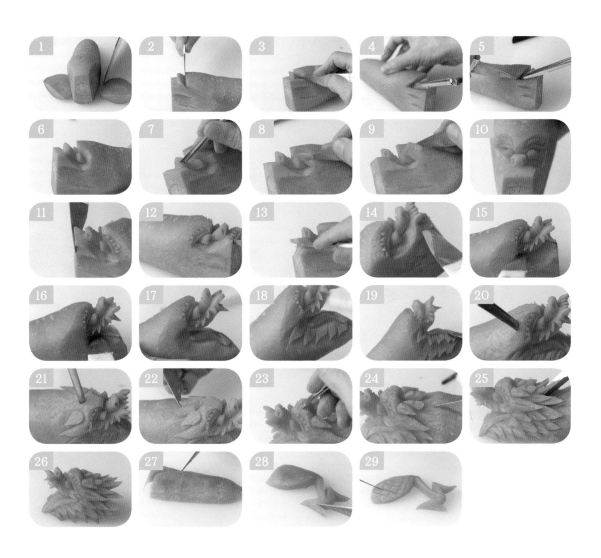

1~3. 굵기 7~8cm 정도의 당근을 그림 모양으로 정면 4cm 정도만 남기고
　　　뒷부분을 넓게 양쪽을 잘라낸다. 2와 3번 순서대로 코 부분을 깎는다.

4~6. U형 칼로 눈 부위를 넣고, 칼로 다듬어준다.

7~10. 코와 눈 부분을 깎는다.

11~17. 입 부분을 그림 모양으로 만든다.

18~24. 양쪽 수염과 머리 부분을 만든다.

25~26. V형 칼로 안쪽으로 눌러 머리 부분을 분리시킨다.

27~29. 다리 부분을 만든다.

용 신

▶ 재 료   무, 당근, 기타

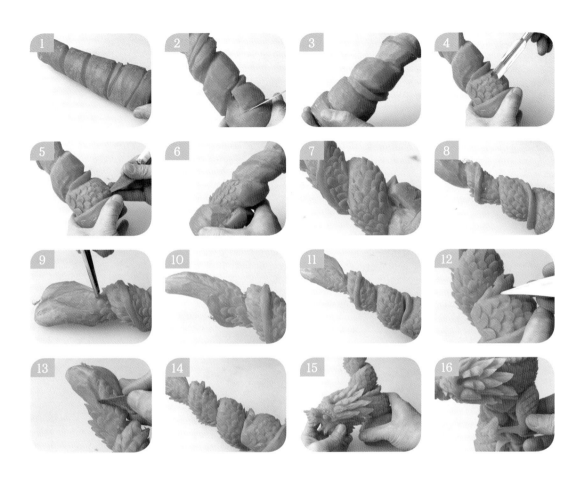

1. 밑부분에 머리를 끼울 자리부터 올라가면서 선을 그린다.
2~3. 그림과 같이 등 부위 만들 자리를 1cm 정도 남기고 다듬어준다.
4~6. U형 칼로 비늘을 하나씩 파서 깎는다.
7~9. 위로 올라가면서 약간씩 좁게 깎는다.
10~11. 꼬리 부분을 약간 휘게 만들어 비늘을 만든다.
12~14. 등지느러미 모양을 밑에서 윗부분까지 낸다.
15~16. 용머리와 다리를 끼운다.

용두하신

▶ **재 료**　　중새우, 당근, 오이, 기타

▶ **응용 방법**　중국식 새우냉채로 새우를 삶아서 용의 모양을 만들어 전채에 내는 요리

1. 새우냉채를 그림 1과 같이 장식한다. 새우 사이에 오이 편을 한 쪽씩 끼워
   주어도 된다.
2. 용머리를 장식한다.
3. 용 꼬리와 다리를 장식한다.
4~5. 새우 위에 파슬리 또는 오이로 장식해 완성한다.

공 작

▶ **재 료**   무, 당근, 기타

▶ **응용 방법** 공작과 봉황같이 꼬리 깃털이 길고 화려한 부분은 별도의 깃털모양을 만들
어 붙여주거나 끼워주면서 조각 작품을 입체감 있게 만든다.

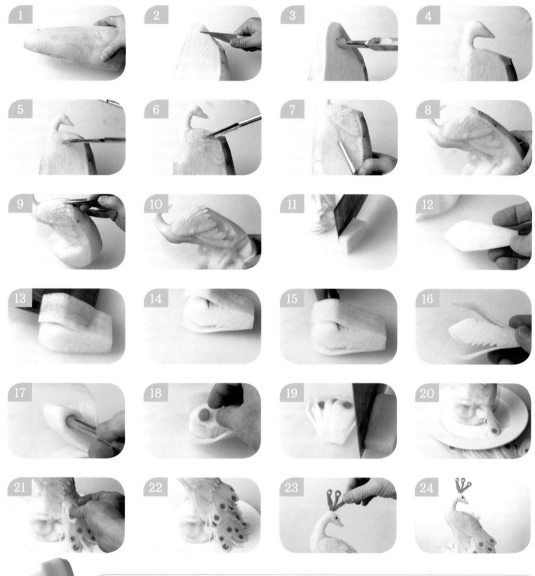

1~4. 그림과 같이 머리 부분을 만든다.

5~7. 날개 부분을 만든다.

8~10. 꼬리 부분을 파고 정리한다.

11~19. 작은 크기의 무로 꼬리 깃털을 만들어 당근을 끼우고 한 쪽씩 썬다.

20~22. 밑부분부터 한 쪽씩 붙여서 올린다.

23~24. 당근으로 머리 깃털을 만들어 끼워 완성한다.

백 학

▶ **재 료**   무, 당근, 기타

▶ **응용 방법**   여러 종류의 학을 조각할 때 날아가는 모습과 서 있는 모습을 표현하여 조각하기 위해서 날개와 부리 부분을 분리하여 만들어 붙여주거나 끼워주기도 한다.

    ▶▶ 그림 4~5는 날개를 펴지 않는 과정을 설명한 것이고, 그림 13~16은 별도로 날개를 만들어 붙이는 과정으로 그림 4~5번은 만들지 않아도 된다.

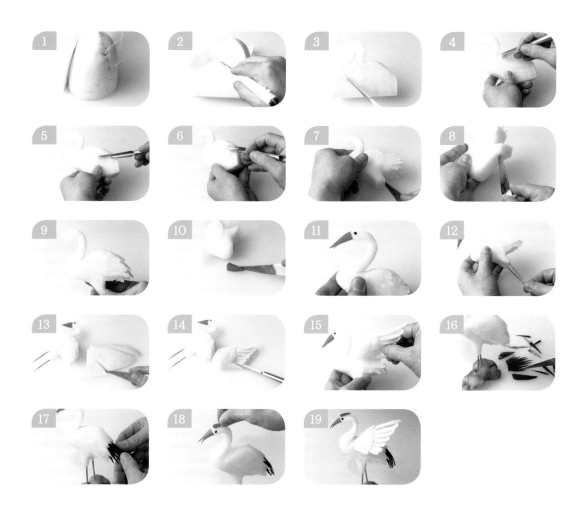

1~3. 그림과 같이 양쪽은 썰어서 날개 부분을 만들고 중간 6~7cm 두께로 머리와 몸통을 만든다.

4~6. U형 칼로 양쪽 날개를 파서 깎고, V형 칼로 꼬리 부분을 깎는다.

7~9. 꼬리 밑부분을 다듬고, 다리를 분리하여 깎아내고 정리한다.

10~12. 당근으로 입을 만들어 붙이고, 화초씨로 눈을 끼우고, 이쑤시개로 다리를 만들어 끼워준다.

13~15. 날개는 펴있는 모양을 만들기 위해 양쪽 날개를 만들어 끼워준다.

16~19. 오이 껍질로 꼬리를 만들어 끼우고, 체리를 타원형으로 잘라 머리에 붙여 완성한다.

봉 황

▶ **재 료**   무, 호박, 당근, 기타

▶ **응용 방법** 긴 호박 종류나 무는 날개 부분을 별도로 조각하여 부착하고, 꼬리 부분은
          몸통과 연결시켜 자연스러운 입체감을 표현한다.

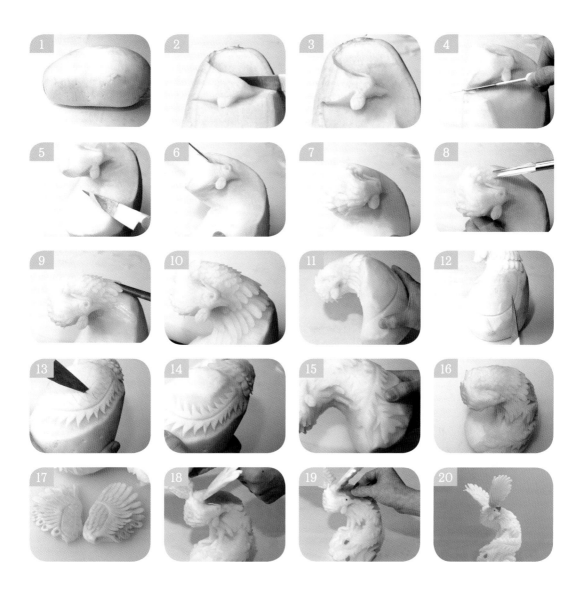

1~4. 그림과 같이 무를 세워서 머리 부분과 입, 눈을 만든다.

5~7. 몸통 밑부분을 깎아내고 머리 쪽 깃털을 조각한다.

8~10. 등 주위는 U형 칼로 파고 꼬리 부분을 깎는다.

11~16. 봉황의 긴 꼬리 깃털 두 개를 휘어가며 그림과 같이 파서 깎는다.

17~18. 날개 두 개를 만들어 등 쪽에 끼운다.

19~20. 당근으로 머리 깃털과 꼬리 깃털을 만들어 끼워서 완성한다.

신 선

▶ 재 료   고구마, 당근, 무, 기타

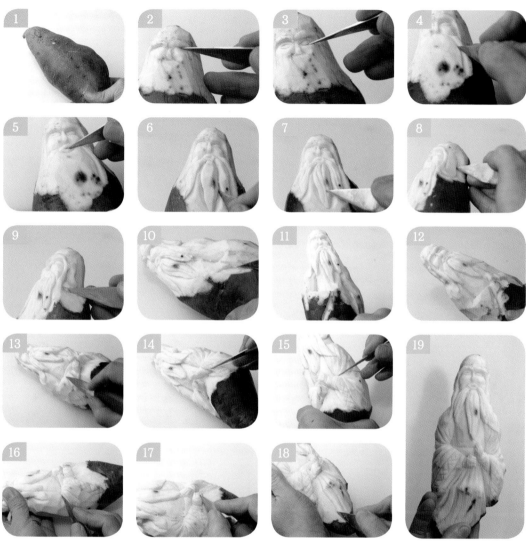

1~3. 그림 모양의 큰 고구마를 선택하여 머리 부분부터 눈썹, 코를 깎는다.
4~7. 입과 수염 주변을 깎는다.
8~12. 귀와 소매 부분을 깎는다.
13~16. 옷자락의 주름을 다듬는다.
17~19. 손가락과 하체 부분을 깎는다.

5절. 연출작품 사진 모음

채접연화

항아분월

금어만유

어옹수조

산수과충

옥용과충

팔선과충

홍백상용

수비남산

용등성세

단봉조양

산조동심

봉계합오

양우길상

용문선녀

백학기무

앵무대오

공작쟁염

화 람

공작쟁염

Food
Decoration

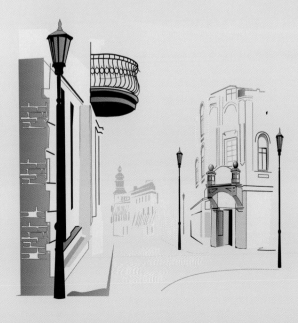

제3장

Food 연출작품 모음

애피타이저 1~5

생선 코스 1~2

메인 코스 1~7

카나페 1~3

스넥 1~4

Cold food 1~17

일식 1~4

이바지 음식 1~7

애피타이저 1 Smoked salmon roll

애피타이저 2 게살 칵테일

애피타이저 3　Fresh fish roll

애피타이저 4　Scarop tartar

애피타이저 5 Lobster roll

생선 코스 1 오징어와 연어 스타핑

생선 코스 2 Poached fish

메인 코스 1 Chicken breast

메인 코스 2   오리 가슴살 요리

메인 코스 3   사슴 안심 요리

메인 코스 4   Lamb chop

메인 코스 5   양갈비 스테이크

메인 코스 6 닭가슴살 요리

메인 코스 7 Filet of beef steak

카나페 1 어울림

카나페 2 데코의 진수

카나페 3 꽃의 나라

스넥 1   카나페와 샌드위치

스넥 2   야채 아트의 진수

스넥 3　　데코의 이모저모

스넥 4　　호박 조각과 샌드위치

Cold food 1   치킨 갤런틴

Cold food 2   버섯 테린

Cold food 3   생선 테린

Cold food 4   거위간 테린

Cold food 5   흰살생선과 연어의 조화

Cold food 6   닭고기 테린

Cold food 7　여러 가지 모둠 테린

Cold food 8　장어와 바닷가재 테린

Cold food 9   모둠 생선 테린

Cold food 10   연어롤

Cold food 11   피시 테린

Cold food 12   Salmon 테린

Cold food 13   아스픽의 조화

Cold food 14   Seafood 테린

Cold food 15 　Seafood 모음

Cold food 16 　폭 필렛 롤

Cold food 17 어소테드 롤

일식 1 전통 회석 요리

일식 2 나체김밥 모둠

일식 3 전통 후식

일식 4   복어회의 면모

이바지 음식 1   정과 구절

이바지 음식 2 약과 모반

이바지 음식 3 사지 꼬치

이바지 음식 4 건구절

이바지 음식 5 모둠 구절(I)

이바지 음식 6 　모둠 구절(II)

이바지 음식 7 　떡들의 향연

저 자 약 력

강무근

경희호텔전문대학 전통조리과, 방송통신대학 가정학과 졸업
미국 CIA 호텔경영전문대학 수료
동아대학교 경영대학원 관광경영학 석사
경주대학교 대학원 관광학 박사
부산롯데호텔 조리부장 역임
시카고 힐튼, 동경패시픽, 동경프라자, 동경임페리얼호텔 연수
2002 부산아시안게임 급식전문위원
2001년 양산대학 호텔조리과 교수 임용
현 양산대학 호텔외식조리계열 교수

최송산

1954년생 조리경력 35년
1981년 한국관광협회 주관 중식부 수상
1991년 제1회 서울국제요리 금상
서울보건대학 조리예술과 출강(1995년~현재)
안산공대 호텔조리과 출강(1997년~현재)
조리기능장 실기 감독위원 위촉(1999년~현재)
공중파, 케이블TV 호텔요리 전속 출연(1995년~현재)
서울프라자호텔 중식조리장(1983년~2003년)
현대문화센터 전통 중국요리 강사(1998년~현재)
鳳酒樓 총주방장(2003년~2006년)
현 樓安 조리장(2006년~현재)
SBS, KBS, MBC 공중파 및 EBS 최고의 요리비결 출연
혜전대학 호텔조리과 출강(2005년~현재)

김병일

경주호텔학교 졸업
영산대학교 경영학과 졸업 호텔경영학사
영산대학교 대학원 호텔관광학 석사
1983년 서울프라자호텔 조리부 근무
1987년~2008년 롯데호텔 근무
부산롯데호텔 주방장 역임
식품안전관리사
2008년 3월 양산대학 호텔조리과 교수 임용
2010년 현재 양산대학 호텔외식조리계열 교수

이윤호

(주)대경 대표이사
(주)대경 PRO-SHARP CO., LTD.
조리용품 및 과일조각도 세트 제조 · 판매
의장등록 제0331540호

푸드 데코레이션 Food Decoration

2010년 8월 27일   초판 인쇄
2010년 9월 3일   초판 발행

저　　　자	강무근, 최송산, 김병일, 이윤호
발 행 인	김홍용
펴 낸 곳	도서출판 효일
주　　　소	서울특별시 동대문구 용두동 102-201
전　　　화	02) 928-6644
팩　　　스	02) 927-7703
홈 페 이 지	www.hyoilbooks.com
e-mail	hyoilbooks@hyoilbooks.com
등　　　록	1987년 11월 18일 제6-0045호
편　　　집	메르디자인

값 22,000원

ISBN 978-89-8489-299-6